国家自然科技资源共享平台项目资助

农作物种质资源技术规范丛书 (4-38)

菱种质资源描述规范和数据标准

Descriptors and Data Standard for Water Caltrop

(*Trapa* spp.)

彭 静 柯卫东 等 编著

U0284454

中国农业科学技术出版社

图书在版编目（CIP）数据

菱种质资源描述规范和数据标准 / 彭静，柯卫东等编著 . —北京：中国农业科学技术出版社，2013.10
（农作物种质资源技术规范丛书）
ISBN 978 – 7 – 5116 – 1207 – 6

Ⅰ.①菱…　Ⅱ.①彭…②柯…　Ⅲ.①菱 – 种质资源 – 描写 – 规范②菱 – 种质资源 – 数据 – 标准　Ⅳ.①S645.4 – 65

中国版本图书馆 CIP 数据核字（2013）第 037864 号

责任编辑　张孝安
责任校对　贾晓红

出 版 者　中国农业科学技术出版社
　　　　　北京市中关村南大街 12 号　邮编：100081
电　　话　（010）82109708（编辑室）　（010）82109704（发行部）
　　　　　（010）82109709（读者服务部）
传　　真　（010）82106650
网　　址　http://www. castp. cn
经 销 者　各地新华书店
印 刷 者　北京科信印刷有限公司
开　　本　710 mm × 1 000 mm　1/16
印　　张　4. 875
字　　数　90 千字
版　　次　2013 年 10 月第 1 版　2013 年 10 月第 1 次印刷
定　　价　29. 00 元

《农作物种质资源技术规范丛书》

总 编 辑 委 员 会

郑殿升　房伯平　范源洪　欧良喜　周传生

赵来喜　赵密珍　俞明亮　郭小丁　姜　全

姜慧芳　柯卫东　胡红菊　胡忠荣　娄希祉

高卫东　高洪文　袁　清　唐　君　曹永生

曹卫东　曹玉芬　黄华孙　黄秉智　龚友才

崔　平　揭雨成　程须珍　董玉琛　董永平

粟建光　韩龙植　蔡　青　熊兴平　黎　裕

潘一乐　潘大建　魏兴华　魏利青

总审校　娄希祉　曹永生　刘　旭

《菱种质资源描述规范和数据标准》
编 写 委 员 会

主　编　彭　静　柯卫东

副主编　刘义满　林处发　张劲松

执笔人　(以姓氏笔画为序)

　　　　叶元英　朱红莲　刘义满　刘玉平　刘　武

　　　　李双梅　李　峰　张劲松　林处发　柯卫东

　　　　黄来春　黄新芳　彭　静　傅新发　魏玉翔

审稿人　(以姓氏笔画为序)

　　　　丁小余　于　丹　王建波　方嘉禾　孔庆东

　　　　叶奕佐　刘艳玲　江用文　江解增　姚明华

　　　　郭文武　熊兴平

审　校　曹永生

《农作物种质资源技术规范》
前　　言

　　农作物种质资源是人类生存和发展最有价值的宝贵财富，是国家重要的战略性资源，是作物育种、生物科学研究和农业生产的物质基础，是实现粮食安全、生态安全与农业可持续发展的重要保障。中国农作物种质资源种类多、数量大，以其丰富性和独特性在国际上占有重要地位。经过广大农业科技工作者多年的努力，目前，已收集保存了38万份种质资源，积累了大量科学数据和技术资料，为制定农作物种质资源技术规范奠定了良好的基础。

　　农作物种质资源技术规范的制定是实现中国农作物种质资源工作标准化、信息化和现代化，促进农作物种质资源事业跨越式发展的一项重要任务，是农作物种质资源研究的迫切需要。其主要作用是：①规范农作物种质资源的收集、整理、保存、鉴定、评价和利用；②度量农作物种质资源的遗传多样性和丰富度；③确保农作物种质资源的遗传完整性，拓宽利用价值，提高使用时效；④提高农作物种质资源整合的效率，实现种质资源的充分共享和高效利用。

　　《农作物种质资源技术规范》是国内首次出版的农作物种质资源基础工具书，是农作物种质资源考察收集、整理鉴定、保存利用的技术手册，其主要特点：①植物分类、生态、形态，农艺、生理生化、植物保护，计算机等多学科交叉集成，具有创新性；②综合运用国内外有关标准规范和技术方法的最新研究成果，具有先进性；③由实践经验丰富和理论水平高的科学家编审，科学性、系统性和实用性强，具有权威性；④资料翔实、结构严谨、形式新颖、图文并茂，具有可操作性；⑤规定了粮食作物、经济作物、蔬菜、果树、牧草绿肥五大类100多种作物种质资源的描述规范、数据标准和数据质量控制规范，以及收集、整理、保存技术规程，内容丰富，具有完整性。

《农作物种质资源技术规范》是在农作物种质资源 50 多年科研工作的基础上，参照国内外相关技术标准和先进方法，组织全国 40 多个科研单位，500 多名科技人员进行编撰，并在全国范围内征求了 2 000 多位专家的意见，召开了近百次专家咨询会议，经反复修改后形成的。《农作物种质资源技术规范》按不同作物分册出版，共计 100 余册，便于查阅使用。

　　《农作物种质资源技术规范》的编撰出版，是国家自然科技资源共享平台建设的重要任务之一。国家自然科技资源共享平台项目由科技部和财政部共同立项，各资源领域主管部门积极参与，科技部农村与社会发展司精心组织实施，农业部科技教育司具体指导，并得到中国农业科学院的全力支持及全国有关科研单位、高等院校及生产部门的大力协助，在此谨致诚挚的谢意。由于时间紧、任务重、缺乏经验，书中难免有疏漏之处，恳请读者批评指正，以便修订。

总编辑委员会

前　言

菱（*Trapa* spp.）为一年生草本浮水植物，属菱科（Trapaceae）菱属（*Trapa* L.），别名：菱角、龙角、沙角、水栗等。染色体数为 $2n = 2x = 36$。

菱的果实可作水果或蔬菜，生、熟食皆可，还可加工制作罐头、果汁、菱粉及酿酒等。菱还可作为食疗佳品，李时珍的《本草纲目》中有"菱实粉粥，益肠胃，解内热"的记载。

菱起源于欧洲和亚洲的温暖地区，中国是菱的原产地之一。1981 年，在浙江省宁海县，从距地表 78m 深的地下发掘出距今 20 000～30 000 年的炭化四角菱。浙江省余姚河姆度遗址（距今 7 000 年），嘉兴马家浜新石器遗址（距今 6 000 年）及距今 5 000 多年的吴兴钱山漾古文化遗址均出土了炭化菱角。中国和印度进行了驯化和栽培利用，北美和澳大利亚有引种栽培。在中国，菱的栽培历史非常悠久，南北朝《齐民要术》首次提到菱的栽培方法，明代《便民图纂》中对菱的栽培方法更有较详细的记述。菱在中国南方广泛栽培，如江苏、浙江、安徽、江西、湖南、湖北、四川、广东、广西、上海、福建、台湾等省、市、区都有种植；在山东、河南、河北等省也有少量栽培。

菱在世界上分布范围很广，欧洲、亚洲、非洲均产，在北美、澳洲已归化。中国南北均有分布，东部平原地区种类较多，西部干旱地区和青藏高原种类较少。

自菱属建立以来，不少学者从形态学、解剖学、孢粉学等方面对其进行了研究，但菱属植物内种的划分至今仍有较大争议，对菱属内种的分类尚无能被普遍接受的处理意见，目前主要有两种分类处理：一种是细分的观点，认为全世界有 100 余种。该分类对菱属下的分类阶元设置过多，又根据个体发育过程中及受环境饰变影响而产生的形态变异现象来划分种及种下类群，致使菱属属下分类出现诸多同物异名的现象。另一种是粗分的观点，该分类将菱属归并为一个复合种 *Trapa natans* Linn.。T. G. Tutin 等认为，菱属植物变异多样，种间有许多中间类型，难以区分为不同的种。C. D. K. Cook（1990）记载，菱属含 20 种植物或一多形种，其余多为同物异名，有关菱属分类还有待深入研究。

自 20 世纪 80 年代，武汉市蔬菜科学研究所开始在全国范围内收集菱种质资源，目前，国家种质武汉水生蔬菜资源圃已收集保存中国菱种质资源 100 多份。经过近 20 年的国家科技攻关研究，对其农艺性状、品质性状等指标进行了鉴定，筛选出一批丰产、优质的优良种质。

规范标准是国家自然科技资源共享平台建设的基础，菱种质资源描述规范和数据标准的制定是国家农作物种质资源平台建设的重要内容。制定统一的菱种质资源规范标准，有利于整合全国菱种质资源，规范菱种质资源的收集、整理和保存等基础性工作，创造良好的资源和信息共享环境及条件；有利于保护和利用菱种质资源，充分挖掘其潜在的经济、社会和生态价值，促进全国菱种质资源研究的有序和高效发展。

菱种质资源描述规范规定了菱种质资源的描述符及其分级标准，以便对菱种质资源进行标准化整理和数字化表达。菱种质资源数据标准规定了菱种质资源各描述符的字段名称、类型、长度、小数位、代码等，以便建立统一的、规范的菱种质资源数据库。菱种质资源数据质量控制规范规定了菱种质资源数据采集全过程中的质量控制内容和质量控制方法，以保证数据的系统性、可比性和可靠性。

《菱种质资源描述规范和数据标准》由武汉市蔬菜科学研究所主持编写，并得到了全国有关单位的大力支持。在编写过程中，参考了国内外相关文献，由于篇幅所限，书中仅列主要参考文献，在此一并致谢。由于编著者水平有限，错误和疏漏之处在所难免，恳请批评指正。

编著者

目　　录

一 菱种质资源描述规范和数据标准制定的原则和方法

1 菱种质资源描述规范制定的原则和方法

1.1 原则

1.1.1 优先考虑现有数据库中的描述符和描述标准。

1.1.2 以种质资源研究和育种需求为主，兼顾生产与市场需要。

1.1.3 立足中国现有基础，考虑将来发展，尽量与国际接轨。

1.2 方法和要求

1.2.1 描述符类别分为 5 类。

    1   基本信息

    2   形态特征和生物学特性

    3   品质特性

    4   抗病性

    5   其他特征特性

1.2.2 描述符代号由描述符类别加两位顺序号组成。如"110"、"208"、"401"等。

1.2.3 描述符性质分为 3 类。

    M   必选描述符（所有种质必须鉴定评价的描述符）

    O   可选描述符（可选择鉴定评价的描述符）

    C   条件描述符（只对特定种质进行鉴定评价的描述符）

1.2.4 描述符的代码应是有序的。如数量性状从细到粗、从低到高、从小到大、从少到多排列，颜色从浅到深，抗性从强到弱等。

1.2.5 每个描述符应有一个基本的定义或说明。数量性状应标明单位，质量性状应有评价标准和等级划分。

1.2.6 植物学形态描述符应附模式图。

1.2.7 重要数量性状应以数值表示。

2 菱种质资源数据标准制定的原则和方法

2.1 原则

2.1.1 数据标准中的描述符应与描述规范相一致。

2.1.2 数据标准应优先考虑现有数据库中的数据标准。

2.2 方法和要求

2.2.1 数据标准中的代号应与描述规范中的代号一致。

2.2.2 字段名最长 12 位。

2.2.3 字段类型分字符型（C）、数值型（N）和日期型（D）。日期型的格式为 YYYYMMDD。

2.2.4 经度的类型为 N，格式为 DDDFF；纬度的类型为 N，格式为 DDFF，其中，D 为度，F 为分；东经以正数表示，西经以负数表示；北纬以正数表示，南纬以负数表示。如"12136"，"3921"。

3 菱种质资源数据质量控制规范制定的原则和方法

3.1 原则

3.1.1 采集的数据应具有系统性、可比性和可靠性。

3.1.2 数据质量控制以过程控制为主，兼顾结果控制。

3.1.3 数据质量控制方法应具有可操作性。

3.2 方法和要求

3.2.1 鉴定评价方法以现行国家标准和行业标准为首选依据；如无国家标准和行业标准，则以国际标准或国内比较公认的先进方法为依据。

3.2.2 每个描述符的质量控制应包括田间设计，样本数或群体大小，时间或时期，取样数和取样方法，计量单位、精度和允许误差，采用的鉴定评价规范和标准，采用的仪器设备，性状的观测和等级划分方法，数据校验和数据分析。

二　菱种质资源描述简表

序号	代号	描述符	描述符性质	单位或代码
1	101	全国统一编号	M	
2	102	种质圃编号	M	
3	103	引种号	C/国外资源	
4	104	采集号	C/野生资源或地方品种	
5	105	种质名称	M	
6	106	种质外文名	M	
7	107	科名	M	
8	108	属名	M	
9	109	学名	M	
10	110	原产国	M	
11	111	原产省	M	
12	112	原产地	M	
13	113	海拔	C/野生资源或地方品种	m
14	114	经度	C/野生资源或地方品种	
15	115	纬度	C/野生资源或地方品种	
16	116	来源地	M	
17	117	保存单位	M	
18	118	保存单位编号	M	
19	119	系谱	C/选育品种或品系	
20	120	选育单位	C/选育品种或品系	
21	121	育成年份	C/选育品种或品系	
22	122	选育方法	C/选育品种或品系	

（续表）

序号	代号	描述符	描述符性质	单位或代码
23	123	种质类型	M	1:野生资源　　2:地方品种 3:选育品种　　4:品系 5:遗传材料　　6:其他
24	124	图像	O	
25	125	观测地点	M	
26	201	弓形根颜色	O	1:黄绿色　　2:黄褐色
27	202	弓形根长度	O	cm
28	203	土中根颜色	O	1:白色　　　2:白色带浅紫色
29	204	水中根长度	O	cm
30	205	茎颜色	M	1:黄绿色　　2:黄褐色 3:紫红色
31	206	主茎长度	O	cm
32	207	主茎直径	O	cm
33	208	菱盘直径	M	cm
34	209	叶片形状	M	1:近菱形　　2:圆菱形 3:卵状三角形　4:近椭圆形
35	210	叶缘	O	1:深锯齿　　2:浅锯齿 3:圆齿　　　4:其他
36	211	叶基	O	1:宽楔形　　2:截形
37	212	叶面颜色	M	1:绿色　　　2:绿色具紫褐色斑
38	213	叶背颜色	O	1:黄绿色　　2:黄褐色 3:紫红色
39	214	叶背绒毛颜色	O	1:灰白色　　2:灰褐色
40	215	叶片长度	M	cm
41	216	叶片宽度	M	cm
42	217	叶形指数	O	
43	218	叶柄颜色	O	1:黄绿色　　2:黄褐色 3:紫红色
44	219	叶柄长度	O	cm
45	220	叶柄直径	O	cm

（续表）

序号	代号	描述符	描述符性质	单位或代码
46	221	气囊形状	O	1:椭圆形　　2:纺锤形 3:长条形
47	222	气囊长度	O	cm
48	223	气囊直径	O	cm
49	224	花冠直径	O	cm
50	225	花瓣颜色	M	1:白色　　2:粉红色
51	226	花瓣长度	O	cm
52	227	花瓣宽度	O	cm
53	228	萼片颜色	O	1:黄绿色　　2:黄绿带红色
54	229	萼片长度	O	cm
55	230	萼片宽度	O	cm
56	231	花柄颜色	O	1:黄绿色　　2:淡紫红色 3:紫红色
57	232	花柄绒毛	O	0:无　　1:有
58	233	花柄长度	O	cm
59	234	花柄直径	O	cm
60	235	果柄长度	O	cm
61	236	果柄直径	O	cm
62	237	果角个数	M	1:0个　　2:2个　　3:4个
63	238	嫩菱果皮颜色	M	1:淡绿色　　　　2:绿色 3:绿色泛粉红色　　4:粉红色 5:紫红色
64	239	肩角姿态	O	1:上弯　　2:斜上伸 3:平伸　　4:平伸后下弯 5:斜下伸　　6:下弯
65	240	肩角尖端形状	O	1:锐尖　　2:圆钝
66	241	肩角尖端倒刺	O	0:无　　1:有
67	242	肩角位置	O	1:上　　2:中　　3:下
68	243	肩角长度	O	cm
69	244	肩角基部宽度	O	cm

序号	代号	描述符	描述符性质	单位或代码
70	245	腰角姿态	O	1:上弯　　2:平伸 3:斜下伸
71	246	腰角形状	O	1:披针形　　2:圆锥形 3:扁卵形
72	247	腰角尖端形状	O	1:锐尖　　2:圆钝
73	248	腰角尖端倒刺	O	0:无　　1:有
74	249	腰角长度	O	cm
75	250	腰角基部宽度	O	cm
76	251	果实形状	O	1:三角形　　2:菱形 3:近锚形　　4:弓形 5:元宝形　　6:近"V"字形 7:其他
77	252	果体刻纹	O	0:无　　1:有
78	253	果体瘤状物个数	M	个
79	254	果冠	O	0:无　1:小　2:中　3:大
80	255	果颈	O	0:无　1:小　2:中　3:大
81	256	果实长度	M	cm
82	257	果实宽度	M	cm
83	258	果实高度	M	cm
84	259	单果质量	M	g
85	260	果肉长度	O	cm
86	261	果肉宽度	O	cm
87	262	果肉高度	O	cm
88	263	单果肉质量	M	g
89	264	果肉率	M	%
90	265	发芽率	O	%
91	266	萌芽期	O	
92	267	播种期	O	

（续表）

序号	代号	描述符	描述符性质	单位或代码
93	268	幼苗期	O	
94	269	定植期	O	
95	270	始花期	M	
96	271	终花期	O	
97	272	嫩菱采收始期	M	
98	273	老菱采收始期	M	
99	274	老菱采收末期	O	
100	275	单株菱盘数	O	个
101	276	单个菱盘结果数	O	个
102	277	产量	O	kg/hm^2
103	301	风味	O	1：淡　　2：中　　3：浓
104	302	粉质程度	O	1：低　　2：中　　3：高
105	303	干物质含量	O	%
106	304	淀粉含量	O	%
107	305	可溶性糖含量	O	%
108	306	蛋白质含量	O	%
109	401	菱白绢病抗性	O	1：高抗　3：抗病　5：中抗 7：感病　9：高感
110	501	核型	O	
111	502	指纹图谱与分子标记	O	
112	503	备注		

三 菱种质资源描述规范

1 范围

本规范规定了菱种质资源的描述符及其分级标准。

本规范适用于菱种质资源的收集、整理和保存，数据标准和数据质量控制规范的制定，以及数据库和信息共享网络系统的建立。

2 规范性引用文件

下列文件对于本规范的应用是必不可少的。凡是注日期的引用文件，仅所注日期的版本适用于本规范。凡是不注日期的引用文件，其最新版本（包括所有的修改单）适用于本规范。

GB/T 2260 中华人民共和国行政区划代码

GB/T 2659 世界各国和地区名称代码

GB/T 10220—2012 感官分析 方法学 总论

GB/T 12404 单位隶属关系代码

ISO 3166 Codes for the Representation of Names of Countries

3 术语和定义

3.1 菱

菱科（Trapaceae）菱属（*Trapa* L.），为一年生水生草本植物。别名：菱角、水栗、沙角等，染色体数 $2n = 2x = 36$。主要以果实或嫩茎供食用。

3.2 菱种质资源

菱野生资源、地方品种、选育品种、品系、遗传材料等。

3.3 基本信息

菱种质资源基本情况描述信息，包括全国统一编号、种质名称、学名、原产地、种质类型等。

3.4　形态特征和生物学特性

菱种质资源的物候期、植物学形态、产量性状等特征特性。各器官名词术语详见图1和图2所示。

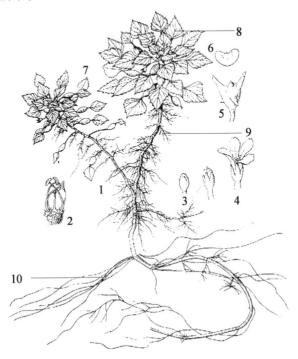

图1　菱

1. 植株；2. 去花瓣花（示雌、雄蕊）；3. 花蕾；4. 花；5. 果实；

6. 果肉；7. 菱盘；8. 叶片；9. 水中根；10. 土中根

图2　菱果实各部位名称

1. 肩角；2. 腰角；3. 果冠；4. 果颈；5. 果体瘤状物

本书中的叶片、叶柄、气囊等均指浮水叶的叶片、叶柄、气囊等。

3.5　品质特性

菱种质资源的感官品质和营养品质特性。感官品质特性包括风味、粉质程度等；营养品质特性包括干物质含量、淀粉含量、可溶性糖含量、粗蛋白质含量等。

3.6　抗病性

菱种质资源对各种生物胁迫的适应或抵抗能力，包括白绢病抗性等。

3.7　菱生育周期

菱从萌发至地上部菱盘自然枯死经历的时期，分为萌芽期、幼苗期、营养旺盛生长期、开花结果期。

3.8　弓形根

菱的胚根（下胚轴）伸出后，很快停止生长，弯曲成弓形，俗称为弓形根。

3.9　果肉

菱果实去掉果壳后，剩余的种子部分，俗称为果肉。

4　基本信息

4.1　全国统一编号

种质的惟一标识号，菱种质的全国统一编号由"V11G"加4位顺序号组成。

4.2　种质圃编号

菱种质在国家种质资源圃内的编号，由"GP"加"SC"加4位顺序号组成。

4.3　引种号

菱种质从国外引入时赋予的编号。

4.4　采集号

菱种质在野外采集时赋予的编号。

4.5　种质名称

菱种质的中文名称。

4.6　种质外文名

国外引进种质的外文名或国内种质的汉语拼音名。

4.7　科名

菱科（Trapaceae）。

4.8　属名

菱属（*Trapa* L.）。

4.9　学名

菱学名为 *Trapa* spp.。

4.10　原产国

菱种质原产国家名称、地区名称或国际组织名称。

4.11　原产省

国内菱种质原产省份名称；国外引进种质原产国家一级行政区名称。

4.12 原产地

菱种质的原产县、乡、村名称。

4.13 海拔

菱种质原产地的海拔高度。单位为 m。

4.14 经度

菱种质原产地的经度。单位为（°）和（′）。格式为 DDDFF，其中，DDD 为度，FF 为分。

4.15 纬度

菱种质原产地的纬度。单位为（°）和（′）。格式为 DDFF，其中，DD 为度，FF 为分。

4.16 来源地

国外引进菱种质的来源国家名称、地区名称或国际组织名称；国内种质的来源省、县名称。

4.17 保存单位

菱种质的保存单位名称。

4.18 保存单位编号

菱种质保存单位赋予的种质编号。

4.19 系谱

菱选育品种（系）的亲缘关系。

4.20 选育单位

选育菱品种（系）的单位名称或个人。

4.21 育成年份

菱品种（系）培育成功的年份。

4.22 选育方法

菱品种（系）的育种方法。

4.23 种质类型

菱种质类型分为 6 类。

    1   野生资源

    2   地方品种

    3   选育品种

    4   品系

    5   遗传材料

    6   其他

4.24 图像

菱种质的图像文件名。图像格式为 .jpg。

4.25 观测地点

菱种质形态特征和生物学特性观测地点的名称。

5 形态特征和生物学特性

5.1 弓形根颜色

幼苗期，弓形根的颜色。

  1 黄绿色

  2 黄褐色

5.2 弓形根长度

幼苗期，弓形根停止生长时的长度。单位为 cm。

5.3 土中根颜色

幼苗期，新生的土中根颜色。

  1 白色

  2 白色带浅紫色

5.4 水中根长度

开花结果期，水中根基部到尖端的长度。单位为 cm。

5.5 茎颜色

开花结果期，菱茎的颜色。

  1 黄绿色

  2 黄褐色

  3 紫红色

5.6 主茎长度

始花期，从茎基部（或泥面）到主茎菱盘基部之间茎的长度。单位为 cm。

5.7 主茎直径

始花期，主茎中部的直径。单位为 cm。

5.8 菱盘直径

开花结果期，菱盘直径的大小。单位为 cm。

5.9 叶片形状

开花结果期，菱盘外层成熟叶片的形状（图 3）。

  1 近菱形

  2 圆菱形

  3 卵状三角形

  4 近椭圆形

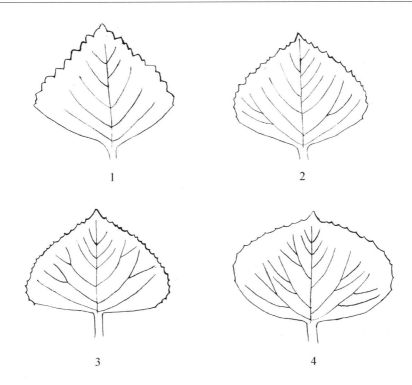

图3 叶片形状

5.10 叶缘

开花结果期，菱盘外层成熟叶片的叶缘（图4）。

    1   深锯齿

    2   浅锯齿

    3   圆齿

    4   其他

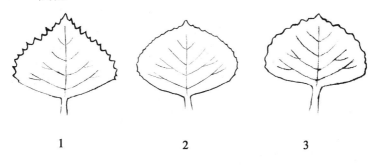

图4 叶缘

5.11 叶基

开花结果期，菱盘外层成熟叶片叶基的形状（图5）。

    1   宽楔形

    2   截形

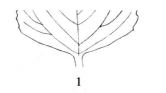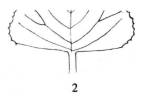

图5　叶基

5.12 叶面颜色

菱盘新生叶片叶面的颜色。

    1   绿色

    2   绿色具紫褐色斑

5.13 叶背颜色

菱盘新生叶片叶背的颜色。

    1   黄绿色

    2   黄褐色

    3   紫红色

5.14 叶背绒毛颜色

菱盘新生叶片叶背绒毛的颜色。

    1   灰白色

    2   灰褐色

5.15 叶片长度

开花结果期，菱盘外层成熟叶片从叶片基部到尖端的最大距离（图6）。单位为 cm。

5.16 叶片宽度

开花结果期，菱盘外层成熟叶片的最大宽度（图6）。单位为 cm。

5.17 叶形指数

开花结果期，菱盘外层成熟叶片长度与宽度的比值。

5.18 叶柄颜色

开花结果期，成熟叶片叶柄的颜色。

    1   黄绿色

    2   黄褐色

3　紫红色

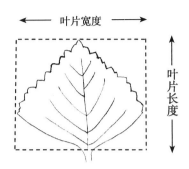

图 6　叶片长度、叶片宽度

5.19　叶柄长度

开花结果期，菱盘外层成熟叶片叶柄的最大长度。单位为 cm。

5.20　叶柄直径

开花结果期，菱盘外层成熟叶片叶柄基部的最大直径。单位为 cm。

5.21　气囊形状

开花结果期，菱盘外层成熟叶片气囊的形状（图7）。

　　　1　椭圆形

　　　2　纺锤形

　　　3　长条形（气囊膨大不明显）

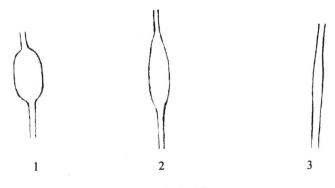

　　　1　　　　　　　　　　2　　　　　　　　　　3

图 7　气囊形状

5.22　气囊长度

开花结果期，菱盘外层成熟叶片气囊的最大长度。单位为 cm。

5.23　气囊直径

开花结果期，菱盘外层成熟叶片气囊的最大直径。单位为 cm。

5.24　花冠直径

菱花盛开时花冠的最大直径。单位为 cm。

5.25　花瓣颜色

菱花盛开时花瓣的颜色。

　　　　1　　白色
　　　　2　　粉红色

5.26　花瓣长度

菱花盛开时花瓣的最大长度。单位为 cm。

5.27　花瓣宽度

菱花盛开时花瓣的最大宽度。单位为 cm。

5.28　萼片颜色

菱花盛开时萼片的颜色。

　　　　1　　黄绿色
　　　　2　　黄绿带红色

5.29　萼片长度

菱花盛开时萼片的最大长度。单位为 cm。

5.30　萼片宽度

菱花盛开时萼片的最大宽度。单位为 cm。

5.31　花柄颜色

菱花盛开时花柄的颜色。

　　　　1　　黄绿色
　　　　2　　淡紫红色
　　　　3　　紫红色

5.32　花柄绒毛

菱花盛开时花柄有无绒毛。

　　　　0　　无
　　　　1　　有

5.33　花柄长度

菱花盛开时花柄的最大长度。单位为 cm。

5.34　花柄直径

菱花盛开时花柄中部的最大直径。单位为 cm。

5.35　果柄长度

果实成熟时果柄的最大长度。单位为 cm。

5.36　果柄直径

果实成熟时果柄中部的最大直径。单位为 cm。

5.37 果角个数

成熟果实果角的个数。

  1 0 个

  2 2 个

  3 4 个

5.38 嫩菱果皮颜色

果实刚充分膨大时的果皮颜色。

  1 淡绿色

  2 绿色

  3 绿色泛粉红色

  4 粉红色

  5 紫红色

5.39 肩角姿态

成熟果实肩角的姿态（图8）。

  1 上弯

  2 斜上伸

  3 平伸

  4 平伸后下弯

  5 斜下伸

  6 下弯

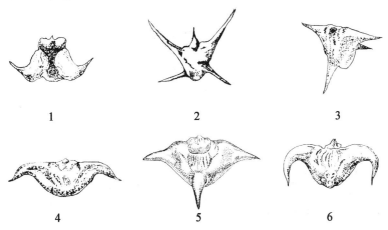

图 8　肩角姿态

5.40 肩角尖端形状

成熟果实肩角尖端的形状（图9）。

 1　　锐尖

 2　　圆钝

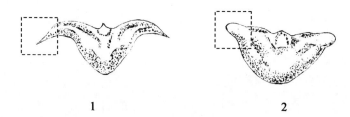

1　　　　　　　　　　　　　　2

图9　肩角尖端形状

5.41　肩角尖端倒刺

　　果实成熟时肩角尖端有无倒刺（图10）。

 0　　无

 1　　有

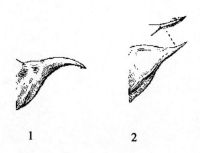

1　　　　2

图10　肩角尖端倒刺

5.42　肩角位置

　　成熟果实肩角在果体上的位置（图11）。

 1　　上

 2　　中

 3　　下

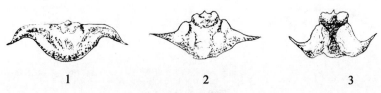

1　　　　　　　2　　　　　　　3

图11　肩角位置

5.43 肩角长度

成熟果实肩角基部纵切后，果肉末端到肩角尖端的最大长度（不包括倒刺长度）。单位为 cm。

5.44 肩角基部宽度

成熟果实肩角基部纵切后，果肉末端的肩角基部最大宽度。单位为 cm。

5.45 腰角姿态

成熟果实腰角的姿态（图12）。

1 上弯
2 平伸
3 斜下伸

1 2 3

图12 腰角姿态

5.46 腰角形状

成熟果实腰角的形状（图13）。

1 披针形
2 圆锥形
3 扁卵形

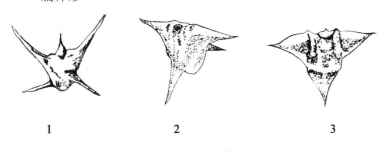

1 2 3

图13 腰角形状

5.47 腰角尖端形状

成熟果实腰角尖端的形状。

1 锐尖
2 圆钝

5.48 腰角尖端倒刺

果实成熟时腰角尖端有无倒刺。

     0   无

     1   有

5.49 腰角长度

成熟果实腰角基部至腰角尖端的最大长度（不包括倒刺长度）。单位为 cm。

5.50 腰角基部宽度

成熟果实腰角基部的最大宽度。单位为 cm。

5.51 果实形状

成熟果实的形状（图 14）。

     1   三角形

     2   菱形

     3   近锚形

     4   弓形

     5   元宝形

     6   近"V"字形

     7   其他

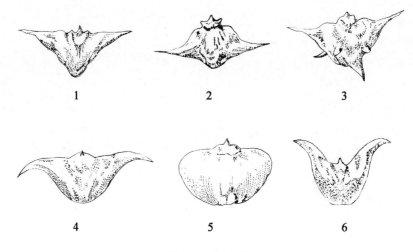

图 14 果实形状

5.52 果体刻纹

成熟果实果体有无刻纹。

     0   无

     1   有

5.53 果体瘤状物个数

成熟果实上瘤状物的个数。单位为个。

5.54 果冠

成熟果实果冠的有无及大小状况。

        0   无
        1   小
        2   中
        3   大

5.55 果颈

成熟果实果颈的有无及大小状况。

        0   无
        1   小
        2   中
        3   大

5.56 果实长度

成熟果实两肩角间的最大距离（不包括倒刺长度，见图 15 所示）。单位为 cm。

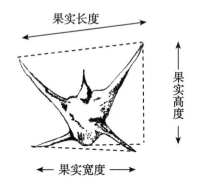

图 15 果实长度、果实宽度、果实高度

5.57 果实宽度

成熟果实垂直于肩角方向的果体的最大宽度（不包括腰角倒刺长度，见图 15 所示）。单位为 cm。

5.58 果实高度

成熟果实基部至最高点（不包括倒刺长度）之间的距离（见图 15 所示）。单位为 cm。

5.59 单果质量

单个充分成熟果实的质量。单位为 g。

5.60 果肉长度

果实充分膨大后，平行于果实长度方向的果肉最大长度。单位为 cm。

5.61 果肉宽度

果实充分膨大后，平行于果实宽度方向的果肉最大宽度。单位为 cm。

5.62 果肉高度

果实充分膨大后，平行于果实高度方向的果肉最大高度。单位为 cm。

5.63 单果肉质量

单个充分成熟果实去掉果壳后的果肉质量。单位为 g。

5.64 果肉率

单果肉质量与单果质量的百分比。以 % 表示。

5.65 发芽率

发芽的果实数量与测试果实总数量的百分比。以 % 表示。

5.66 萌芽期

小区内 30% 的种子萌芽的日期，以"年月日"表示，格式为"YYYYMM-DD"。

5.67 播种期

在大田或育苗田播种的日期，以"年月日"表示，格式为"YYYYMMDD"。

5.68 幼苗期

小区内 30% 的植株形成第一个菱盘的日期，以"年月日"表示，格式为"YYYYMMDD"。

5.69 定植期

将育苗田中的菱苗定植到大田中的日期，以"年月日"表示，格式为"YYYYMMDD"。

5.70 始花期

小区内 30% 菱盘第一朵花开放的日期，以"年月日"表示，格式为"YYYYMMDD"。

5.71 终花期

小区内 70% 菱盘最后一朵花凋谢的日期，以"年月日"表示，格式为"YYYYMMDD"。

5.72 嫩菱采收始期

小区内第一次采收充分膨大的嫩菱的日期，以"年月日"表示，格式为"YYYYMMDD"。

5.73 老菱采收始期

小区内第一次采收充分成熟的老菱的日期，以"年月日"表示，格式为"YYYYMMDD"。

5.74 老菱采收末期

小区内最后一次采收充分成熟的老菱的日期，以"年月日"表示，格式为"YYYYMMDD"。

5.75 单株菱盘数

在整个生育期内单个植株分枝形成菱盘的数量。单位为个。

5.76 单个菱盘结果数

在整个生育期内单个菱盘所结果实的数量。单位为个。

5.77 产量

每公顷菱种质产生果实的质量。单位为 kg/hm^2。

6 品质特性

6.1 风味

嫩菱充分膨大后，生食嫩果的甜味和芳香味的强弱。

    1   淡

    2   中

    3   浓

6.2 粉质程度

充分成熟的老菱果实煮熟后的粉质口感程度。

    1   低

    2   中

    3   高

6.3 干物质含量

充分成熟的老菱果肉鲜样中干物质的含量。以%表示。

6.4 淀粉含量

充分成熟的老菱果肉鲜样中淀粉的含量。以%表示。

6.5 可溶性糖含量

充分膨大的嫩菱果肉鲜样中可溶性糖的含量。以%表示。

6.6 蛋白质含量

充分成熟的老菱果肉鲜样中蛋白质的含量。以%表示。

7 抗病性

7.1 菱白绢病抗性

菱种质对白绢病（*Sclerotium rolfsii* Sacc.）的抗性强弱。

    1   高抗（HR）

    3   抗病（R）

    5   中抗（MR）

    7   感病（S）

    9   高感（HS）

8 其他特征特性

8.1 核型

表示染色体的数目、大小、形态和结构特征的公式。

8.2 指纹图谱与分子标记

菱种质指纹图谱和重要性状的分子标记类型及其特征参数。

8.3 备注

菱种质特殊描述符或特殊代码的具体说明。

四 菱种质资源数据标准

序号	代号	描述符	字段名	字段英文名	字段类型	字段长度	字段小数位	单位	代码	代码英文名	例子
1	101	全国统一编号	统一编号	Accession number	C	8					V11G0033
2	102	种质圃编号	圃编号	Field genebank number	C	8					GPSC1355
3	103	引种号	引种号	Introduction number	C	8					20050003
4	104	采集号	采集号	Collection number	C	10					2001420019
5	105	种质名称	种质名称	Accession name	C	30					邵伯菱
6	106	种质外文名	种质外文名	Alien name	C	50					Shao Bo Ling
7	107	科名	科名	Family	C	10					Trapaceae（菱科）
8	108	属名	属名	Genus	C	10					Trapa L.（菱属）
9	109	学名	学名	Species	C	50					Trapa spp.（菱）
10	110	原产国	原产国	Country of origin	C	16					中国
11	111	原产省	原产省	Province of origin	C	6					江苏
12	112	原产地	原产地	Origin	C	16					江都县

（续表）

序号	代号	描述符	字段名	字段英文名	字段类型	字段长度	字段小数位	单位	代码	代码英文名	例子
13	113	海拔	海拔	Altitude	N	4	0	m			23
14	114	经度	经度	Longitude	N	5	0				12146
15	115	纬度	纬度	Latitude	N	4	0				3609
16	116	来源地	来源地	Sample source	C	16					江苏江都
17	117	保存单位	保存单位	Donor institute	C	24					武汉市蔬菜科学研究所
18	118	保存单位编号	保存单位编号	Donor accession number	C	10					Ⅶ-0137
19	119	系谱	系谱	Pedigree	C	70					
20	120	选育单位	选育单位	Breeding institute	C	40					武汉市蔬菜科学研究所
21	121	育成年份	育成年份	Releasing year	D	4					2000
22	122	选育方法	选育方法	Breeding methods	C	20					杂交
23	123	种质类型	种质类型	Biological status of accession	C	12			1:野生资源 2:地方品种 3:选育品种 4:品系 5:遗传材料 6:其他	1:Wild 2:Traditional cultivar/Landrace 3:Advanced/improved cultivar 4:Breeding line 5:Genetic stocks 6:Other	地方品种

（续表）

序号	代号	描述符	字段名	字段英文名	字段类型	字段长度	字段小数位	单位	代码	代码英文名	例子
24	124	图像	图像	Image file name	C	30					V11G0033.jpg
25	125	观测地点	观测地点	Observation location	C	20					湖北武汉
26	201	弓形根颜色	弓形根颜色	Bow-shaped hypo-cotyl color	C	6			1：黄绿色 2：黄褐色	1：Yellowish green 2：Filemot	黄绿色
27	202	弓形根长度	弓形根长	Bow-shaped hypo-cotyl length	N	4	1	cm			5.3
28	203	土中根颜色	土中根颜色	Subterraneous root color	C	12			1：白色 2：白色带浅紫色	1：White 2：White with lilac	白色
29	204	水中根长度	水中根长	Adventitious root length	N	4	1	cm			8.2
30	205	茎颜色	茎色	Stem color	C	6			1：黄绿色 2：黄褐色 3：紫红色	1：Yellowish green 2：Filemot 3：Mauve	黄绿色
31	206	主茎长度	主茎长	Main stem length	N	3	0	cm			186
32	207	主茎直径	主茎直径	Main stem diameter	N	3	1	cm			0.5
33	208	菱盘直径	菱盘直径	Leaf rosette diame-ter	N	4	1	cm			48.3
34	209	叶片形状	叶形	Leaf shape	C				1：近菱形 2：圆菱形 3：卵状三角形 4：近椭圆形	1：Near rhombic 2：Round rhombic 3：Oval triangular 4：Near elliptic	圆菱形

（续表）

序号	代号	描述符	字段名	字段英文名	字段类型	字段长度	字段小数位	单位	代码	代码英文名	例子
35	210	叶缘	叶缘	Leaf margin	C	6			1:深锯齿 2:浅锯齿 3:圆齿 4:其他	1:Deep serrate 2:Obtusely serrate 3:Round serrate 4:Other	深锯齿
36	211	叶基	叶基	Leaf base	C	4			1:宽楔形 2:截形	1:Cuneate 2:Truncate	宽楔形
37	212	叶面颜色	叶面色	Leaf surface color	C	14			1:绿色 2:绿色具紫褐色斑	1:Green 2:Green with purple-brown spots	绿色
38	213	叶背颜色	叶背色	Leaf back color	C	6			1:黄绿色 2:黄褐色 3:紫红色	1:Yellowish green 2:Filemot 3:Mauve	黄绿色
39	214	叶背绒毛颜色	叶背绒毛颜色	Leaf pubescence color	C	6			1:灰白色 2:灰褐色	1:Off-white 2:Taupe	灰白色
40	215	叶片长度	叶片长	Leaf length	N	4	1	cm			5.6
41	216	叶片宽度	叶片宽	Leaf width	N	4	1	cm			7.8
42	217	叶形指数	叶形指数	Leaf shape index	N	4	2				0.72
43	218	叶柄颜色	叶柄色	Petiole color	C	6			1:黄绿色 2:黄褐色 3:紫红色	1:Yellowish green 2:Filemot 3:Mauve	黄绿色
44	219	叶柄长度	叶柄长	Petiole length	N	4	1	cm			17.0

（续表）

序号	代号	描述符	字段名	字段英文名	字段类型	字段长度	字段小数位	单位	代码	代码英文名	例子
45	220	叶柄直径	叶柄直径	Petiole diameter	N	4	1	cm			0.8
46	221	气囊形状	气囊形状	Inflated petiole shape	C	6			1:椭圆形 2:纺锤形 3:长条形	1:Elliptic 2:Fusiform 3:Elongated	纺锤形
47	222	气囊长度	气囊长	Inflated petiole length	N	4	1	cm			3.2
48	223	气囊直径	气囊直径	Inflated petiole diameter	N	4	1	cm			1.4
49	224	花冠直径	花冠直径	Corolla diameter	N	3	1	cm			1.0
50	225	花瓣颜色	花色	Petal color	C	6			1:白色 2:粉红色	1:White 2:Pink	白色
51	226	花瓣长度	花瓣长	Petal length	N	3	1	cm			0.9
52	227	花瓣宽度	花瓣宽	Petal width	N	3	1	cm			0.5
53	228	萼片颜色	萼片色	Sepal color	C	10			1:黄绿色 2:黄绿带红色	1:Yellowish green 2:Yellowish green with red	黄绿色
54	229	萼片长度	萼片长	Sepal length	N	3	1	cm			0.4
55	230	萼片宽度	萼片宽	Sepal width	N	3	1	cm			0.2
56	231	花柄颜色	花柄色	Pedicel color	C	8			1:黄绿色 2:淡紫红色 3:紫红色	1:Yellowish green 2:Light mauve 3:Mauve	紫红色

（续表）

序号	代号	描述符	字段名	字段英文名	字段类型	字段长度	字段小数位	单位	代码	代码英文名	例子
57	232	花柄绒毛	花柄绒毛	Pedicel pubescence	C	2			0:无 1:有	0:Absent 1:Present	有
58	233	花柄长度	花柄长	Pedicel length	N	4	1	cm			4.5
59	234	花柄直径	花柄直径	Pedicel diameter	N	3	1	cm			0.3
60	235	果柄长度	果柄长	Fruit stalk length	N	4	1	cm			5.2
61	236	果柄直径	果柄直径	Fruit stalk diameter	N	3	1	cm			0.6
62	237	果角个数	果角数	Fruit horn number	C	3			1:0个 2:2个 3:4个	1:Zero 2:Two 3:Four	2个
63	238	嫩菱果皮颜色	嫩果皮色	Tender fruit color	C	12			1:淡绿色 2:绿色 3:绿色泛粉红色 4:粉红色 5:紫红色	1:Light green 2:Green 3:Pinkish-green 4:Pink 5:Mauve	淡绿色
64	239	肩角姿态	肩角姿态	Upper horn posture	C	10			1:上弯 2:斜上伸 3:平伸 4:平伸后下弯 5:斜下伸 6:下弯	1:Up-curved 2:Ascending 3:Horizontal 4:Horizontal, with down-curved tip 5:Descending 6:Down-curved	斜下伸

（续表）

序号	代号	描述符	字段名	字段英文名	字段类型	字段长度	字段小数位	单位	代码	代码英文名	例子
65	240	肩角尖端形状	肩角尖端形状	Upper horn tip shape	C	4			1：锐尖 2：圆钝	1：Acute 2：Blunt	锐尖
66	241	肩角尖端倒刺	肩角尖端倒刺	Upper horn barb	C	2			0：无 1：有	0：Absent 1：Present	无
67	242	肩角位置	肩角位置	Upper horn position	C	2			1：上 2：中 3：下	1：Upper 2：Middle 3：Lower	上
68	243	肩角长度	肩角长	Upper horn length	N	3	1	cm			1.2
69	244	肩角基部宽度	肩角基部宽	Base width of upper horn	N	3	1	cm			0.5
70	245	腰角姿态	腰角姿态	Lower horn posture	C	6			1：上弯 2：平伸 3：斜下伸	1：Up-curved 2：Horizontal 3：Descending	斜下伸
71	246	腰角形状	腰角形状	Lower horn shape	C	6			1：披针形 2：圆锥形 3：扁卵形	1：Lanceolate 2：Conoid 3：Flat ovate	圆锥形
72	247	腰角尖端形状	腰角尖端形状	Lower horn tip shape	C	4			1：锐尖 2：圆钝	1：Acute 2：Blunt	锐尖
73	248	腰角尖端倒刺	腰角尖端倒刺	Lower horn barb	C	2			0：无 1：有	0：Absent 1：Present	无
74	249	腰角长度	腰角长	Lower horn length	N	3	1	cm			1.4
75	250	腰角基部宽度	腰角基部宽	Base width of lower horn	N	3	1	cm			0.6

（续表）

序号	代号	描述符	字段名	字段英文名	字段类型	字段长度	字段小数度	单位	代码	代码英文名	例子
76	251	果实形状	果形	Fruit shape	C	8			1：三角形 2：菱形 3：近锚形 4：弓形 5：元宝形 6：近"V"字形 7：其他	1：Triangular 2：Rhombic 3：Near anchor-shaped 4：Bow-shaped 5：Rounded triangular 6：Near V-shaped 7：Other	近锚形
77	252	果体刻纹	果体刻纹	Fruit stripe	C	2			0：无 1：有	0：Absent 1：Present	有
78	253	果体瘤状物个数	瘤状物数	Fruit protuberance number	N	2	0	个			0
79	254	果冠	果冠	Fruit crown	C	2			0：无 1：小 2：中 3：大	0：Absent 1：Small 2：Intermediate 3：Big	小
80	255	果颈	果颈	Fruit neck	C	2			0：无 1：小 2：中 3：大	0：Absent 1：Small 2：Intermediate 3：Big	无
81	256	果实长度	果长	Fruit length	N	4	1	cm			4.9
82	257	果实宽度	果宽	Fruit width	N	4	1	cm			2.9
83	258	果实高度	果高	Fruit hight	N	4	1	cm			2.1
84	259	单果质量	单果质量	Single fruit mass	N	4	1	g			5.2

（续表）

序号	代号	描述符	字段名	字段英文名	字段类型	字段长度	字段小数位	单位	代码	代码英文名	例子
85	260	果肉长度	果肉长	Fruit flesh length	N	4	1	cm			2.9
86	261	果肉宽度	果肉宽	Fruit flesh width	N	4	1	cm			1.6
87	262	果肉高度	果肉高	Fruit flesh height	N	4	1	cm			1.8
88	263	单果肉质量	单果肉质量	Single fruit flesh mass	N	4	1	g			3.1
89	264	果肉率	果肉率	Ratio of flesh to whole fruit	N	5	2	%			59.62
90	265	发芽率	发芽率	Germination percentage	N	4	1	%			98.63
91	266	萌芽期	萌芽期	Germination date	D	8					19990322
92	267	播种期	播种期	Germination date	D	8					19990326
93	268	幼苗期	幼苗期	Sowing date	D	8					19990415
94	269	定植期	定植期	Seedling phase	D	8					19990423
95	270	始花期	始花期	First flowering date	D	8					19990629
96	271	终花期	终花期	Last flowering date	D	8					19990927
97	272	嫩菱采收始期	嫩菱采收始期	First harvest date of tender fruit	D	8					19990715
98	273	老菱采收始期	老菱采收始期	First harvest date of matured fruit	D	8					19990806
99	274	老菱采收末期	老菱采收末期	Last harvest date of matured fruit	D	8					19991012
100	275	单株菱盘数	单株菱盘数	Leaf rosette number per plant	N	3	0	个			12
101	276	单个菱盘结果数	单盘结果数	Fruit number per leaf rosette	N	2	0	个			5

（续表）

序号	代号	描述符	字段名	字段英文名	字段类型	字段长度	字段小数位	单位	代码	代码英文名	例子
102	277	产量	产量	Yield	N	5	0	kg/hm^2			15750
103	301	风味	风味	Flavor	C	2			1:淡 2:中 3:浓	1:Mild 2:Intermediate 3:Strong and sweet	中
104	302	粉质程度	粉质程度	Mealy degree	C	8			1:低 2:中 3:高	1:Low 2:Intermediate 3:High	中
105	303	干物质含量	干物质	Dry matter content	N	5	2	%			57.57
106	304	淀粉含量	淀粉	Starch content	N	5	2	%			36.31
107	305	可溶性糖含量	可溶性糖	Soluble carbohydrate content	N	5	2	%			2.22
108	306	蛋白质含量	蛋白质	Protein content	N	5	2	%			0.88
109	401	菱白绢病抗性	白绢病	Resistance to *Sclerotium rolfsii* Sacc	C	4			1:高抗 3:抗病 5:中抗 7:感病 9:高感	1: Highly resistant 3: Resistant 5: Moderate resistant 7: Susceptive 9: Highly susceptive	抗病
110	501	核型	核型	Karyotype	C	20					
111	502	指纹图谱与分子标记	分子标记	Finger printing and molecular marker	C	40					
112	503	备注	备注	Remarks	C	80					

五　菱种质资源数据质量控制规范

1　范围

本规范规定了菱种质资源数据采集过程中质量控制内容和方法。

本规范适用于菱种质资源的整理、整合和共享。

2　规范性引用文件

下列文件对于本规范的应用是必不可少的。凡是注日期的引用文件，仅所注日期的版本适用于本规范。凡是不注日期的引用文件，其最新版本（包括所有的修改单）适用于本规范。

GB/T 2260　中华人民共和国行政区划代码

GB/T 2659　世界各国和地区名称代码

GB/T 3543—1995　农作物种子检验规程

GB 5009.5—2010　食品安全国家标准　食品中蛋白质的测定

GB/T 5009.9—2008　食品中淀粉的测定

GB/T 8855—2008　新鲜水果和蔬菜　取样方法

GB/T 8858—1988　水果、蔬菜产品中干物质和水分含量的测定方法

GB/T 10220—2012　感官分析　方法学　总论

GB/T 12316—1990　感官分析方法"A"—"非A"检验

GB/T 12404　单位隶属关系代码

NY/T 1278—2007　蔬菜及其制品中可溶性糖的测定　铜还原碘量法

ISO 3166　Codes for the Representation of Names of Countries

3　数据质量控制的基本方法

3.1　形态特征和生物学特性观测试验设计

3.1.1　试验地点

试验地点的温度、光照、水分、土壤等生态条件及栽培技术条件应保障菱植

株的正常生长及其性状的正常表达。

3.1.2 田间设计

采用 1 年 3 次重复或 1 次重复 2～3 年试验，小区面积在 6m² 以上。长江中下游地区一般在 3 月中旬至 4 月上旬育苗或播种，5 月中下旬定植，株行距 0.5m×2.0m，特殊材料株行距可依具体情况而定。

3.1.3 栽培环境条件控制

菱种质资源播种应选择规格大小一致的具有隔离和保水肥功能的水泥池，池内填土量应一致，填土深度应不少于 30cm，水深不少于 50cm。土质应具有当地的代表性，前茬一致，肥力中等均匀。试验池要远离污染源、无有害生物侵扰、附近无高大树木、建筑物等遮荫。田间管理基本与当地大田生产一致，采用相同水肥管理，及时防治病虫害，保证植株能正常生长。

形态特征和生物学特性观测试验应设置对照品种，试验小区内的试验小池两端应该设置保护行（带）。

3.2 数据采集

形态特征和生物学特性观测试验原始数据的采集应在种质正常生长情况下获得。如遇自然灾害等因素严重影响植株正常生长，应重新进行观测试验和数据采集。

3.3 试验数据统计分析和校验

每份种质的形态特征和生物学特性的数量性状观测数据依据对照品种进行校验。根据 1 年 3 次重复或 1 次重复 2～3 年观测校验值，计算每份种质性状的平均值、变异系数和标准差等统计数，判断试验结果的稳定性和可靠性。取校验值的平均值作为该种质的性状值。

4 基本信息

4.1 全国统一编号

全国统一编号是由"V11G"加 4 位顺序号组成的 8 位字符串。如"V11G0021"，其中，"V"代表蔬菜，"11"代表水生蔬菜，"G"代表菱，后四位为顺序号，从"0001"到"9999"，代表具体菱种质的编号。全国统一编号具有惟一性。

4.2 种质圃编号

种质圃编号是由"GP"加"SC"加 4 位顺序号组成的 8 位字符串，其中"GP"代表国家圃，"SC"代表作物类别，四位数的顺序号从"0001"到"9999"，代表具体菱种质的编号。只有已经进入国家种质资源圃的资源才有种质圃编号。每份种质具有惟一的种质圃编号。

4.3　引种号

引种号是由年份加4位顺序号组成的8位字符串。如"20050003"，前4位表示种质从境外引进的年份，后4位为顺序号，从"0001"到"9999"，每份引进种质具有惟一的引种号。

4.4　采集号

菱种质在野外采集时赋予的编号，一般由年份加2位省份代码加4位顺序号组成。

4.5　种质名称

国内种质的原始名称和国外引进种质的中文译名。如果有多个名称，可以放在英文括号内，用英文逗号分隔，如"种质名称1（种质名称2，种质名称3）"；国外引进种质如果没有中文译名时，可直接填写种质的外文名。

4.6　种质外文名

国外引进菱种质的外文名或国内种质的汉语拼音名。每个汉字的汉语拼音之间空一格，每个汉字汉语拼音首字母大写，如"Shui Hong Ling"。国外引进种质的外文名应注意大小写和空格。

4.7　科名

植物分类学上的科名。由拉丁名加英文括号内的中文名组成。按照植物学分类，菱科名为 Trapaceae（菱科）。

4.8　属名

植物分类学上的属名。由拉丁名加英文括号内的中文名组成。按照植物学分类，菱属名为 *Trapa* L.（菱属）。

4.9　学名

学名由拉丁名加英文括号内的中文名组成。如"*Trapa* spp.（菱）"。如没有中文名，直接填写拉丁名。

4.10　原产国

菱种质原产国家名称、地区名称或国际组织名称。国家和地区名称参照 ISO 3166 和 GB/T 2659。如该国家已经不存在，应在原国家名称前加"前"，如"前苏联"。国家组织名称用该组织的外文缩写，例如"IPGRI"。

4.11　原产省

国内菱种质原产省份名称，省份名称参照 GB/T 2260；国外引进种质原产省用原产国家一级行政区的名称。

4.12　原产地

国内菱种质的原产县、乡、村名称。县名参照 GB/T 2260。

4.13　海拔

菱种质原产地的海拔高度。单位为 m。

4.14 经度

菱种质原产地的经度。单位为度和分。格式为 DDDFF，其中，DDD 为度，FF 为分。东经为正值，西经为负值，例如，"12125" 代表东经 121°25′，" - 10209" 代表西经 102°9′。

4.15 纬度

菱种质原产地的纬度。单位为度和分。格式为 DDFF，其中，DD 为度，FF 为分。北纬为正值，南纬为负值，例如，"3308" 代表北纬 33°8′，" - 2549" 代表南纬 25°49′。

4.16 来源地

国内菱种质的来源省、县名称，国外引进种质的来源国家、地区名称或国际组织名称。国家、地区和国际组织名称同 4.10，省和县名参照 GB/T 2260。

4.17 保存单位

菱种质保存单位名称。单位名称应写全称，例如 "武汉市蔬菜科学研究所"。

4.18 保存单位编号

菱种质保存单位赋予的种质编号。保存单位编号在同一保存单位应具有惟一性。

4.19 系谱

菱选育品种（系）的亲缘关系。

4.20 选育单位

选育菱品种（系）的单位名称或个人。单位名称应写全称，例如，"武汉市蔬菜科学研究所"。

4.21 育成年份

菱品种（系）培育成功的年份。例如，"1998"、"2000" 等。

4.22 选育方法

菱品种（系）的育种方法。例如，"系统选育"、"杂交育种" 等。

4.23 种质类型

保存的菱种质的类型，分为：

   1 野生资源

   2 地方品种

   3 选育品种

   4 品系

   5 遗传材料

   6 其他

4.24 图像

菱种质的图像文件名，图像格式为 . jpg。图像文件名由统一编号加 " - " 加

序号加".jpg"组成。如有多个图像文件,图像文件名用英文分号分隔,如
"V11G0036 - 1. jpg;V11G0036 - 2. jpg"。图像对象主要包括植株、花、果实、
特异性状等。图像要清晰,对象要突出。

4. 25 观测地点

菱种质形态特征和生物学特性观测地点的名称,记录到省和县名,如"湖北
武汉"。

5 形态特征和生物学特性

5. 1 弓形根颜色

幼苗期,在整个观测小区内随机挖起 5 ~ 10 株菱苗,在正常一致的光照条件
下,采用目测的方法观察弓形根表面的颜色。

根据观察结果,确定种质的弓形根颜色。

  1 黄绿色

  2 黄褐色

上述没有列出的其他弓形根颜色,需要另外给予详细的描述和说明。

5. 2 弓形根长度

幼苗期,当弓形根停止生长时,在整个观测小区内随机挖起 5 ~ 10 株菱苗,
用钢卷尺测量弓形根的长度,取平均值。单位为 cm,精确到 0. 1cm。

5. 3 土中根颜色

幼苗期,在整个观测小区内随机挖起 5 ~ 10 株菱苗,在正常一致的光照条件
下,采用目测的方法观察新生土中根的颜色。

根据观察结果,确定种质的土中根颜色。

  1 白色

  2 白色带浅紫色

上述没有列出的其他土中根颜色,需要另外给予详细的描述和说明。

5. 4 水中根长度

开花结果期(一般为 6 ~ 9 月),在整个观测小区内随机选取 5 ~ 10 个菱茎,
用钢卷尺测量每个菱茎中部的 1 条水中根基部到尖端的长度,取平均值。单位
为 cm,精确到 0. 1cm。

5. 5 茎颜色

开花结果期(一般为 6 ~ 9 月),以整个小区内植株的茎为观察对象,在正常
一致的光照条件下,采用目测的方法观察菱茎的颜色。

根据观察结果,确定种质的茎颜色。

  1 黄绿色

　　2　　黄褐色

　　3　　紫红色

上述没有列出的其他茎颜色，需要另外给予详细的描述和说明。

5.6　主茎长度

始花期（一般为 5~7 月），在每个观测小区内随机选择 5~10 个已开花结果的主茎菱盘，用钢卷尺测量从茎基部（或泥面）到主茎菱盘基部之间的长度，取平均值。单位为 cm，精确到 1cm。

5.7　主茎直径

以 5.6 采集的菱茎为观测对象，用卡尺测量菱茎中部的直径，取平均值。单位为 cm，精确到 0.1cm。

5.8　菱盘直径

开花结果期（一般为 6~9 月），在每个观测小区内随机选择 5~10 个已开花结果的菱盘，用钢卷尺"十"字法测量菱盘的直径，取平均值。单位为：cm，精确到 0.1cm。

5.9　叶片形状

开花结果期（一般为 6~9 月），以整个小区内菱盘外层成熟叶片为观察对象，采用目测的方法观察成熟叶片的形状。

根据观察结果，确定种质的叶片形状。

　　1　　近菱形

　　2　　圆菱形

　　3　　卵状三角形

　　4　　近椭圆形

上述没有列出的其他叶片形状，需要另外给予详细的描述和说明。

5.10　叶缘

开花结果期（一般为 6~9 月），以整个小区内菱盘外层成熟叶片为观察对象，采用目测的方法观察成熟叶片叶缘的形状。

根据观察结果，确定种质的叶缘形状。

　　1　　深锯齿

　　2　　浅锯齿

　　3　　圆齿

　　4　　其他

上述没有列出的其他叶缘形状，需要另外给予详细的描述和说明。

5.11　叶基

开花结果期（一般为 6~9 月），以整个小区内菱盘外层成熟叶片为观察对象，采用目测的方法观察成熟叶片叶基的形状。

根据观察结果，确定种质的叶基形状。

　　1　　宽楔形

　　2　　截形

上述没有列出的其他叶基形状，需要另外给予详细的描述和说明。

5.12　叶面颜色

在幼苗期至始花期之间（一般为4～6月），以整个小区内菱盘新生叶片为观察对象，在正常一致的光照条件下，采用目测的方法观察叶面的颜色。

根据观察结果，确定种质的叶面颜色。

　　1　　绿色

　　2　　绿色具紫褐色斑

上述没有列出的其他叶面颜色，需要另外给予详细的描述和说明。

5.13　叶背颜色

在幼苗期至始花期之间（一般为4～6月），以整个小区内菱盘新生叶片为观察对象，在正常一致的光照条件下，采用目测的方法观察叶背的颜色。

根据观察结果，确定种质的叶背颜色。

　　1　　黄绿色

　　2　　黄褐色

　　3　　紫红色

上述没有列出的其他叶背颜色，需要另外给予详细的描述和说明。

5.14　叶背绒毛颜色

开花结果期（一般为6～9月），以整个小区内菱盘新生叶片为观察对象，在正常一致的光照条件下，采用目测的方法观察叶背绒毛的颜色。

根据观察结果，确定种质的叶背绒毛颜色。

　　1　　灰白色

　　2　　灰褐色

上述没有列出的其他叶背绒毛颜色，需要另外给予详细的描述和说明。

5.15　叶片长度

开花结果期（一般为6～9月），在每个观测小区内随机选择5～10个已开花结果的菱盘，取每个菱盘外层的1片成熟叶片，用钢卷尺测量其从叶片基部到尖端的最大距离，取平均值。单位为cm，精确到0.1cm。

5.16　叶片宽度

以5.15采集的叶片为观测对象，用钢卷尺测量叶片的最大宽度，取平均值。单位为cm，精确到0.1cm。

5.17　叶形指数

根据5.15和5.16的观测结果，计算叶片长度与叶片宽度的比值，精确到 0.01。

5.18 叶柄颜色

开花结果期（一般为 6~9 月），以整个小区内成熟叶片为观察对象，在正常一致的光照条件下，采用目测的方法观察叶柄的颜色。

根据观察结果，确定种质的叶柄颜色。

　　1　　黄绿色
　　2　　黄褐色
　　3　　紫红色

上述没有列出的其他叶柄颜色，需要另外给予详细的描述和说明。

5.19 叶柄长度

以 5.15 采集的叶片为观测对象，用钢卷尺测量叶柄的最大长度，取平均值。单位为 cm，精确到 0.1cm。

5.20 叶柄直径

以 5.15 采集的叶片为观测对象，用卡尺测量叶柄基部的最大直径，取平均值。单位为 cm，精确到 0.1cm。

5.21 气囊形状

开花结果期（一般为 6~9 月），以整个小区内菱盘外层成熟叶片为观察对象，采用目测的方法观察成熟叶片气囊的形状。

根据观察结果，确定种质的气囊形状。

　　1　　椭圆形
　　2　　纺锤形
　　3　　长条形（气囊膨大不明显）

上述没有列出的其他气囊形状，需要另外给予详细的描述和说明。

5.22 气囊长度

以 5.15 采集的叶片为观测对象，用卡尺测量气囊的最大长度，取平均值。单位为 cm，精确到 0.1cm。

5.23 气囊直径

以 5.15 采集的叶片为观测对象，用卡尺测量气囊的最大直径，取平均值。单位为 cm，精确到 0.1cm。

5.24 花冠直径

开花结果期（一般为 6~9 月），在每个观测小区内随机选择 5~10 个第一天盛开的菱花，用钢卷尺测量其盛开时花冠的最大直径，取平均值。单位为 cm，精确到 0.1cm。

5.25 花瓣颜色

开花结果期（一般为 6~9 月），以整个观测小区内第一天盛开的花朵为观察对象，在正常一致的光照条件下，采用目测的方法观察花瓣颜色。

根据观察结果，确定种质的花瓣颜色。

　　　　1　　白色

　　　　2　　粉红色

上述没有列出的其他花瓣颜色，需要另外给予详细的描述和说明。

5.26　花瓣长度

开花结果期（一般为 6 ~ 9 月），在每个观测小区内随机选择 5 ~ 10 个第一天盛开的菱花，每朵花上取 1 片花瓣，用钢卷尺测量盛开时花瓣的最大长度，取平均值。单位为 cm，精确到 0.1 cm。

5.27　花瓣宽度

以 5.26 采集的样本为观测对象，用钢卷尺测量花瓣的最大宽度，取平均值。单位为 cm，精确到 0.1 cm。

5.28　萼片颜色

开花结果期（一般为 6 ~ 9 月），以整个小区内第一天盛开花朵的萼片为观察对象，在正常一致的光照条件下，采用目测的方法观察萼片颜色。

根据观察结果，确定种质的萼片颜色。

　　　　1　　黄绿色

　　　　2　　黄绿带红色

5.29　萼片长度

以 5.26 采集的花的样本为观测对象，用钢卷尺测量萼片的最大长度，取平均值。单位为 cm，精确到 0.1 cm。

5.30　萼片宽度

以 5.26 采集的花的样本为观测对象，用钢卷尺测量萼片的最大宽度，取平均值。单位为 cm，精确到 0.1 cm。

5.31　花柄颜色

开花结果期（一般为 6 ~ 9 月），以整个小区内第一天盛开花朵的花柄为观察对象，在正常一致的光照条件下，采用目测的方法观察花柄颜色。

根据观察结果，确定种质的花柄颜色。

　　　　1　　黄绿色

　　　　2　　淡紫红色

　　　　3　　紫红色

上述没有列出的其他花柄颜色，需要另外给予详细的描述和说明。

5.32　花柄绒毛

开花结果期（一般为 6 ~ 9 月），以整个小区内第一天盛开花朵的花柄为观察对象，在正常一致的光照条件下，采用目测的方法观察花柄有无绒毛。

根据观察结果，确定种质的花柄绒毛。

  0 无

  1 有

5.33 花柄长度

开花结果期（一般为6～9月），在每个观测小区内随机选择5～10个第一天盛开花朵的花柄，用钢卷尺测量花柄的最大长度，取平均值。单位为cm，精确到0.1cm。

5.34 花柄直径

以5.33采集的样本为观测对象，用卡尺测量花柄中部的直径，取平均值。单位为cm，精确到0.1cm。

5.35 果柄长度

开花结果期（一般为6～9月），在每个观测小区内随机选择5～10个成熟果实的果柄，用钢卷尺测量果柄的最大长度，取平均值。单位为cm，精确到0.1cm。

5.36 果柄直径

以5.35采集的样本为观测对象，用卡尺测量果柄中部的直径，取平均值。单位为cm，精确到0.1cm。

5.37 果角个数

开花结果期（一般为6～9月），以整个小区内完全成熟的果实为观察对象，采用目测的方法观察果实的果角个数。

根据观察结果，确定种质的果角个数。

  1 0个

  2 2个

  3 4个

上述没有列出的果角个数，需要另外给予详细的描述和说明。

5.38 嫩菱果皮颜色

开花结果期（一般为6～9月），以整个小区内刚充分膨大的果实为观察对象，在正常一致的光照条件下，采用目测的方法观察果皮颜色。

根据观察结果，确定种质的嫩菱果皮颜色。

  1 淡绿色

  2 绿色

  3 绿色泛粉红色

  4 粉红色

  5 紫红色

上述没有列出的其他果皮颜色，需要另外给予详细的描述和说明。

5.39 肩角姿态

开花结果期（一般为 6～9 月），以整个小区内完全成熟的果实为观察对象，采用目测的方法观察果实肩角的姿态。

根据观察结果，确定种质的肩角姿态。

    1   上弯
    2   斜上伸
    3   平伸
    4   平伸后下弯
    5   斜下伸
    6   下弯

上述没有列出的其他肩角姿态，需要另外给予详细的描述和说明。

5.40 肩角尖端形状

开花结果期（一般为 6～9 月），以整个小区内完全成熟的果实为观察对象，采用目测的方法观察果实肩角尖端的形状。

根据观察结果，确定种质的肩角尖端形状。

    1   锐尖
    2   圆钝

5.41 肩角尖端倒刺

开花结果期（一般为 6～9 月），以整个小区内完全成熟且外果皮已脱落的果实为观察对象，采用目测的方法观察果实肩角尖端有无倒刺。

根据观察结果，确定种质肩角尖端有无倒刺。

    0   无
    1   有

5.42 肩角位置

开花结果期（一般为 6～9 月），以整个小区内完全成熟的果实为观察对象，采用目测的方法观察果实肩角在果体上的位置。

根据观察结果，确定种质的肩角位置。

    1   上
    2   中
    3   下

5.43 肩角长度

开花结果期（一般为 6～9 月），在每个观测小区内随机选择 5～10 个成熟的果实，将果实肩角基部纵切后，用卡尺测量果肉末端到肩角尖端的最大长度（不包括倒刺长度），取平均值。单位为 cm，精确到 0.1cm。

5.44 肩角基部宽度

以5.43采集的样本为观测对象，用卡尺测量果肉末端的肩角基部最大宽度，取平均值。单位为cm，精确到0.1cm。

5.45 腰角姿态

开花结果期（一般为6~9月），以整个小区内完全成熟的果实为观察对象，采用目测的方法观察果实腰角的姿态。

根据观察结果，确定种质的腰角姿态。

  1 上弯

  2 平伸

  3 斜下伸

上述没有列出的其他腰角姿态，需要另外给予详细的描述和说明。

5.46 腰角形状

开花结果期（一般为6~9月），以整个小区内完全成熟的果实为观察对象，采用目测的方法观察果实腰角的形状。

根据观察结果，确定种质的腰角形状。

  1 披针形

  2 圆锥形

  3 扁卵形

上述没有列出的其他腰角形状，需要另外给予详细的描述和说明。

5.47 腰角尖端形状

开花结果期（一般为6~9月），以整个小区内完全成熟的果实为观察对象，采用目测的方法观察果实腰角尖端的形状。

根据观察结果，确定种质的腰角尖端形状。

  1 锐尖

  2 圆钝

5.48 腰角尖端倒刺

开花结果期（一般为6~9月），以整个小区内完全成熟且外果皮已脱落的果实为观察对象，采用目测的方法观察果实腰角尖端有无倒刺。

根据观察结果，确定种质腰角尖端有无倒刺。

  0 无

  1 有

5.49 腰角长度

以5.43采集的样本为观测对象，用卡尺测量果实腰角基部至腰角尖端的最大长度（不包括倒刺长度），取平均值。单位为cm，精确到0.1cm。

5.50 腰角基部宽度

以 5.43 采集的样本为观测对象，用卡尺测量果实腰角基部的最大宽度，取平均值。单位为 cm，精确到 0.1cm。

5.51 果实形状

开花结果期（一般为 6~9 月），以整个小区内完全成熟的果实为观察对象，采用目测的方法观察果实的形状。

根据观察结果，确定种质的果实形状。

  1 三角形

  2 菱形

  3 近锚形

  4 弓形

  5 元宝形

  6 近"V"字形

  7 其他

上述没有列出的其他果实形状，需要另外给予详细的描述和说明。

5.52 果体刻纹

以整个小区内完全成熟且外果皮已脱落的果实为观察对象，采用目测的方法观察果体有无刻纹。

根据观察结果，确定种质果体有无刻纹。

  0 无

  1 有

5.53 果体瘤状物个数

以整个小区内完全成熟且外果皮已脱落的果实为观察对象，采用目测的方法观察果体瘤状物的个数。根据观察结果，确定种质果实瘤状物的个数。单位为个。

5.54 果冠

以整个小区内完全成熟且外果皮已脱落的果实为观察对象，采用目测的方法观察成熟果实果冠的有无及大小情况。

根据观察结果，确定种质果冠的有无及大小状况。

  0 无

  1 小

  2 中

  3 大

5.55 果颈

以整个小区内完全成熟且外果皮已脱落的果实为观察对象，采用目测的方法观察成熟果实果颈的有无及大小情况。

根据观察结果，确定种质果颈的有无及大小状况。

    0   无

    1   小

    2   中

    3   大

5.56 果实长度

以 5.43 采集的样本为观测对象，用卡尺测量两肩角间的最大距离（不包括倒刺长度），取平均值。单位为 cm，精确到 0.1cm。

5.57 果实宽度

以 5.43 采集的样本为观测对象，用卡尺测量成熟果实垂直于肩角方向的果体的最大宽度（不包括腰角倒刺长度），取平均值。单位为 cm，精确到 0.1cm。

5.58 果实高度

以 5.43 采集的样本为观测对象，用卡尺测量果实基部至最高点之间的距离（不包括倒刺长度），取平均值。单位为 cm，精确到 0.1cm。

5.59 单果质量

开花结果期（一般为 6～9 月），以整个小区内完全成熟的果实为观察对象，随机取 30 个果实，然后采用精度值为 0.1g 的电子分析天平称其质量，取平均值。单位为 g，精确到 0.1g。

5.60 果肉长度

将 5.43 采集的样本去掉果壳后获得完整的果肉，以其为观测对象，用卡尺测量平行于果实长度方向的果肉最大长度，取平均值。单位为 cm，精确到 0.1cm。

5.61 果肉宽度

以 5.60 采集的样品为观测对象，用卡尺测量平行于果实宽度方向的果肉最大宽度，取平均值。单位为 cm，精确到 0.1cm。

5.62 果肉高度

以 5.60 采集的样品为观测对象，用卡尺测量平行于果实高度方向的果肉最大高度，取平均值。单位为 cm，精确到 0.1cm。

5.63 单果肉质量

以 5.60 采集的样本为观测对象，采用精度值为 0.1g 的电子分析天平称其质量，取平均值。单位为 g，精确到 0.1g。

5.64 果肉率

根据 5.63 和 5.59 的观测结果，计算单果肉质量与单果质量的百分比。单位为%，精确到 0.01。

5.65　发芽率

一般 4 月上、中旬，在完全成熟的果实中随机抽取 30 个果实，统计发芽的果实数量，计算发芽的果实数量与调查果实总数量的百分比。单位为%，精确到 0.01。

5.66　萌芽期

小区内 30% 的种子萌芽的日期，以"年月日"表示，格式为"YYYYMM-DD"。如"19960320"表示该种质的萌芽期为 1996 年 3 月 20 日。

5.67　播种期

在大田或育苗田播种的日期，表示方法和格式同 5.66。

5.68　幼苗期

观测小区内菱苗由沉水叶变成浮水叶并形成第一个菱盘的情况，记录小区内 30% 的植株形成第一个菱盘的日期，表示方法和格式同 5.66。

5.69　定植期

将育苗田中的菱苗定植到大田中的日期，表示方法和格式同 5.66。

5.70　始花期

在开花结果期，以整个试验小区的全部菱植株为观察对象，记录小区内 30% 菱盘第一朵花开放的日期，表示方法和格式同 5.66。

5.71　终花期

在开花结果期，以整个试验小区的全部菱植株为观察对象，记录小区内 70% 菱盘最后一朵花凋谢的日期，表示方法和格式同 5.66。

5.72　嫩菱采收始期

在开花结果期，以整个试验小区的全部菱植株为观察对象，记录小区内第一次采收充分膨大的嫩菱的日期，表示方法和格式同 5.66。

5.73　老菱采收始期

在开花结果期，以整个试验小区的全部菱植株为观察对象，记录小区内第一次采收充分成熟的老菱的日期，表示方法和格式同 5.66。

5.74　老菱采收末期

在开花结果期，以整个试验小区的全部菱植株为观察对象，记录小区内最后一次采收充分成熟的老菱的日期，表示方法和格式同 5.66。

5.75　单株菱盘数

9 月下旬，在每个观测小区内随机选择 5～10 株菱苗，计算在整个生育期内单个植株分枝形成菱盘的数量，取平均值；也可以统计整个观测小区的总菱盘数，计算出单株分枝数，取平均值。单位为个，精确到 1 个。

5.76　单个菱盘结果数

开花结果期，在每个观测小区内随机选择 5～10 个菱盘，计算在整个生育期内单个菱盘所结果实的数量。单位为个，精确到 1 个。

5.77 产量

在整个采收期，对测试小区内菱的总产量进行测量，单位为 kg，精确到 0.1kg。最后将测量结果折算成每公顷的产量。单位为 kg/hm²，精确到 1kg 。

6 品质特性

6.1 风味

嫩菱充分膨大后，生食嫩果的甜味和芳香味的强弱。

在果实采收期，参照 GB/T 8855—2008 新鲜水果和蔬菜 取样方法，从试验小区中随机采收抽取已充分膨大、有代表性、无病虫害侵染的嫩菱果实 20～30 个，清洗干净，去其果壳，然后切成小块，混匀后待用。

按照"GB/T 10220—2012 感官分析 方法学 总论"中的有关部分进行评尝员的选择、样品的准备以及感官评价的误差控制。

参照 GB/T 12316—1990 感官分析方法"A"–"非 A"检验方法，请 10～15 名评尝员对每一份样品通过口尝和鼻嗅的方法进行品尝评价，通过与下列各级风味的对照品种进行比较，按照 3 级风味的描述，给出"与对照同"或"与对照不同"的回答。按照评尝员对每份种质和对照的风味的评判结果，汇总对每份种质和对照品种的各种回答数，并对种质和对照风味的差异显著性进行 X^2 测验，如果某样品与对照 1 无差异，即可判断该种质的风味类型；如果某样品与对照 1 差异显著，则需与对照 2 进行比较，依此类推。

嫩菱的风味分为 3 级。

1　淡（无明显甜味和芳香味）

2　中（微甜，略有芳香味）

3　浓（甜味和芳香味浓厚）

6.2 粉质程度

充分成熟的老菱果实煮熟后的粉质口感程度。

在果实采收期，参照 GB/T 8855—2008 新鲜水果和蔬菜 取样方法，从试验小区中随机采收抽取充分成熟、有代表性、无病虫害侵染的老菱果实 20～30 个，清洗干净，至锅中煮 15～30min，取出待评。

按照"GB/T 10220—2012 感官分析 方法学 总论"中的有关部分进行评尝员的选择、样品的准备以及感官评价的误差控制。

参照 GB/T 12316—1990 感官分析方法"A"–"非 A"检验方法，请 10～15 名评尝员对每一份样品进行品尝评价，通过与下面的 3 级粉质程度的对照品种进行比较，参照 3 级粉质程度的描述，给出"与对照同"或"与对照不同"

的回答。按照评尝员对每份种质和对照的粉质程度的评判结果，汇总对每份种质和对照品种的各种回答数，并对种质和粉质程度的差异显著性进行 X^2 测验，如果某样品与对照 1 无差异，即可判断该种质的粉质程度为低；如果某样品与对照 1 差异显著，则需与对照 2 进行比较，依此类推。

粉质程度分为 3 级。

1　　低（组织质脆）

2　　中（组织粉脆掺半）

3　　高（组织质粉）

6.3　干物质含量

充分成熟的老菱果肉鲜样中干物质的含量。

按 "GB/T 8855—2008 新鲜水果和蔬菜　取样方法" 规定的方法进行取样，按 "GB/T 8858—1988 水果、蔬菜产品中干物质和水分含量的测定方法" 规定的方法进行测定。以 % 表示，精确到 0.01%。

6.4　淀粉含量

充分成熟的老菱果肉鲜样中淀粉的含量。

按 "GB/T 8855—2008 新鲜水果和蔬菜　取样方法" 规定的方法进行取样，按 "GB/T 5009.9—2008 食品中淀粉含量的测定" 规定的方法进行测定。以 % 表示，精确到 0.01%。

6.5　可溶性糖含量

充分膨大的嫩菱果肉鲜样中可溶性糖的含量。

按 "GB/T 8855—2008 新鲜水果和蔬菜　取样方法" 规定的方法进行取样，按 "NY/T 1278—2007 蔬菜及其制品中可溶性糖的测定　铜还原碘量法" 规定的方法进行测定。以 % 表示，精确到 0.01%。

6.6　蛋白质含量

充分成熟的老菱果肉鲜样中蛋白质的含量。

按 "GB/T 8855—2008 新鲜水果和蔬菜取样方法" 规定的方法进行取样，按 "GB 5009.5—2010 食品安全国家标准　食品中蛋白质的测定" 规定的方法进行测定。以 % 表示，精确到 0.01%。

7　抗病性

7.1　菱白绢病抗性（参考方法）

菱种质对菱白绢病（*Sclerotium rolfsii* Sacc）的抗性强弱。

菱种质对菱白绢病（*Sclerotium rolfsii* Sacc）抗性鉴定，采用菱白绢病自然流行时大田调查鉴定。

一般于6~9月，菱白绢病在大田流行，主要为害叶片、叶柄和浮在水面上的菱角。发病初期叶片产生浅黄色至灰色水渍状斑点，后逐渐扩展成圆形至不规则形斑，病重时可扩大到全叶。叶背生出白色浓密菌丝至茶褐色菌核。在高温、高湿情况下，叶片正面也会长出菌丝和菌核，病重时全部叶片腐烂。在病害流行期间对小区内发病情况进行调查。以每个观测小区为调查对象，记录发病叶片、菱盘数及病级。病级的分级标准如下：

病级　　病情

0　　无病症

1　　病斑面积占菱盘面积的1/10以下

2　　病斑面积占菱盘面积的1/10~1/4以下

3　　病斑面积占菱盘面积的1/4~1/2以下

4　　病斑面积占菱盘面积的1/2以上

计算病情指数，公式为：

$$DI = \frac{\sum (s_i n_i)}{4N} \times 100$$

式中：DI——病情指数；

　　　s_i——发病级别；

　　　n_i——相应发病级别的菱盘数；

　　　i——病情分级的各个级别；

　　　N——调查总菱盘数。

抗性鉴定结果的统计分析和校验参照3.3。

种质群体对菱白绢病的抗性依病情指数分5级。

1　　高抗（HR）（0 < DI ≤ 20）

3　　抗病（R）（20 < DI ≤ 40）

5　　中抗（MR）（40 < DI ≤ 60）

7　　感病（S）（60 < DI ≤ 80）

9　　高感（HS）（80 < DI）

注意事项：

必要时，计算相对病情指数，用以比较不同年份、不同批次试验材料的抗病性。

8　其他特征特性

8.1　核型

采用细胞学、遗传学方法对染色体的数目、大小、形态和结构进行鉴定。以核型公式表示。

8.2　指纹图谱与分子标记

对进行过指纹图谱分析或重要性状分子标记的菱种质，记录指纹图谱或分子标记的方法，并注明所用引物、特征的分子大小或序列以及分子标记的性状和连锁距离。

8.3　备注

菱种质特殊描述符或特殊代码的具体说明。

六 菱种质资源数据采集表

1 基本信息			
全国统一编号(1)		种质圃编号(2)	
引种号(3)		采集号(4)	
种质名称(5)		种质外文名(6)	
科名(7)		属名(8)	
学名(9)		原产国(10)	
原产省(11)		原产地(12)	
海拔(13)	m	经度(14)	
纬度(15)		来源地(16)	
保存单位(17)		保存单位编号(18)	
系谱(19)		选育单位(20)	
育成年份(21)		选育方法(22)	
种质类型(23)	1:野生资源 2:地方品种 3:选育品种 4:品系 5:遗传材料 6:其他		
图像(24)		观测地点(25)	
2 形态特征和生物学特性			
弓形根颜色(26)	1:黄绿色 2:黄褐色	弓形根长度(27)	cm
土中根颜色(28)	1:白色 2:白色带浅紫色		
水中根长度(29)	cm		
茎颜色(30)	1:黄绿色 2:黄褐色 3:紫红色		
主茎长度(31)	cm	主茎直径(32)	cm
菱盘直径(33)	cm		
叶片形状(34)	1:近菱形 2:圆菱形 3:卵状三角形 4:近椭圆形		
叶缘(35)	1:深锯齿 2:浅锯齿 3:圆齿 4:其他		
叶基(36)	1:宽楔形 2:截形		
叶面颜色(37)	1:绿色 2:绿色具紫褐色斑		
叶背颜色(38)	1:黄绿色 2:黄褐色 3:紫红色		

叶背绒毛颜色(39)	1:灰白色　2:灰褐色	叶片长度(40)	cm
叶片宽度(41)	cm	叶形指数(42)	
叶柄颜色(43)	1:黄绿色　2:黄褐色　3:紫红色		
叶柄长度(44)	cm	叶柄直径(45)	cm
气囊形状(46)	1:椭圆形　2:纺锤形　3:长条形		
气囊长度(47)	cm	气囊直径(48)	cm
花冠直径(49)	cm	花瓣颜色(50)	1:白色　2:粉红色
花瓣长度(51)	cm	花瓣宽度(52)	cm
萼片颜色(53)	1:黄绿色　2:黄绿带红色		
萼片长度(54)	cm	萼片宽度(55)	cm
花柄颜色(56)	1:黄绿色　2:淡紫红色　3:紫红色		
花柄绒毛(57)	0:无　1:有	花柄长度(58)	cm
花柄直径(59)	cm	果柄长度(60)	cm
果柄直径(61)	cm	果角个数(62)	1:0个　2:2个　3:4个
嫩菱果皮颜色(63)	1:淡绿色　2:绿色　3:绿色泛粉红色　4:粉红色　5:紫红色		
肩角姿态(64)	1:上弯　2:斜上伸　3:平伸　4:平伸后下弯　5:斜下伸　6:下弯		
肩角尖端形状(65)	1:锐尖　2:圆钝	肩角尖端倒刺(66)	0:无　1:有
肩角位置(67)	1:上　2:中　3:下	肩角长度(68)	cm
肩角基部宽度(69)	cm		
腰角姿态(70)	1:上弯　2:平伸　3:斜下伸		
腰角形状(71)	1:披针形　2:圆锥形　3:扁卵形		
腰角尖端形状(72)	1:锐尖　2:圆钝	腰角尖端倒刺(73)	0:无　1:有
腰角长度(74)	cm	腰角基部宽度(75)	cm
果实形状(76)	1:三角形　2:菱形　3:近锚型　4:弓形　5:元宝形　6:近"V"字形　7:其他		
果体刻纹(77)	0:无　1:有	果体瘤状物个数(78)	个
果冠(79)	0:无　1:小　2:中　3:大		
果颈(80)	0:无　1:小　2:中　3:大		
果实长度(81)	cm	果实宽度(82)	cm
果实高度(83)	cm	单果质量(84)	cm
果肉长度(85)	cm	果肉宽度(86)	cm
果肉高度(87)	cm	单果肉质量(88)	g
果肉率(89)	%	发芽率(90)	（%）
萌芽期(91)		播种期(92)	

(续表)

幼苗期(93)		定植期(94)	
始花期(95)		终花期(96)	
嫩菱采收始期(97)		老菱采收始期(98)	
老菱采收末期(99)		单株菱盘数(100)	个
单个菱盘结果数(101)	个	产量(102)	kg/hm²
3 品质特性			
风味(103)	1:淡 2:中 3:浓		
粉质程度(104)	1:低 2:中 3:高		
干物质含量(105)	%	淀粉含量(106)	%
可溶性糖含量(107)	%	蛋白质含量(108)	%
4 抗病性			
菱白绢病抗性(109)	1:高抗 3:抗病 5:中抗 7:感病 9:高感		
5 其他特征特性			
核型(110)			
指纹图谱与分子标记(111)			
备注(112)			

填表人：　　　　　　　　　　　审核：　　　　　　　　　　　日期：

七 菱种质资源利用情况报告格式

1 种质利用概况

每年提供利用的种质类型、份数、份次、用户数等。

2 种质利用效果及效益

提供利用后育成的品种（系）、创新材料，以及其他研究利用、开发创收等产生的经济、社会和生态效益。

3 种质利用存在的问题和经验

组织管理、资源管理、资源研究和利用等。

八　菱种质资源利用情况登记表

种质名称					
提供单位		提供日期		提供数量	
提供种质 类　　型	地方品种□ 选育品种□ 高代品系□ 国外引进资源□ 野生资源□ 近缘植物□ 遗传材料□ 突变体□ 其他□				
提供种质 形　　态	植株(苗)□ 果实□ 籽粒□ 根□ 茎(插条)□ 叶□ 芽□ 花(粉)□组织□ 细胞□ DNA□ 其他□				
统一编号		国家种质资源圃编号			
提供种质的优异性状及利用价值：					
利用单位		利用时间			
利用目的					
利用途径：					
取得实际利用效果：					

种质利用单位盖章　　种质利用者签名：　　　　　　年　　　月　　　日

主要参考文献

农业部作物病虫测报总站．1981．农作物主要病虫测报办法．北京：农业出版社

宋秀珍，胡家祺，方北冀．1981．关于南湖菱的生物学特性和栽培技术初步探讨．浙江农业科学．（6）：302～304

颜素珠．1983．中国水生高等植物图说．北京：科学出版社

万文豪．1984．中国菱科植物分类研究．江西大学学报（自然科学版）．（2）：71～78

熊治廷，王徽勤，孙祥钟等．1985．湖北菱科的数量分类研究．武汉植物学研究．3，（1）：45～53

中国农业科学院蔬菜研究所．1987．中国蔬菜栽培学．北京：农业出版社

丁炳扬，李平，方云亿．1988．菱属植物沉水叶和不定根的观察．植物学通报．5，（3）：140～142

李曙轩．1992．中国农业百科全书·蔬菜卷．北京：农业出版社

Cook．C．D．K，王徽勤等译．1993．世界水生植物．武汉：武汉大学出版社

于丹．1994．中国东北菱属植物的研究．植物研究．14，（1）：40～47

林美琛，阮义理．1994．水生蔬菜病虫害防治．北京：金盾出版社

丁炳扬，胡仁勇，史美中等．1996．菱属植物传粉生物性初步研究．浙江大学学报（自然科学版）．23，（3）：275～277

彭静，孔庆东，柯卫东等．1998．菱种质资源园艺学分类的初步研究．北京：园艺学进展（第二辑），645～649

吕佩珂，李明远，吴钜文．1998．中国蔬菜病虫原色图谱（修订版）．北京：农业出版社

中国农业科学院蔬菜科学花卉研究所．1998．中国蔬菜品种资源目录（第二册）．北京：气象出版社

赵有为．1999．中国水生蔬菜．北京：中国农业出版社

丁炳扬，黄涛，姜维梅等．1999．菱属植物幼苗形态及其系统学意义．浙江大学学报（理学版）．26，（3）：92～98

中国植物志编辑委员会．2000．中国植物志53（2）．北京：科学出版社

中国农业科学院蔬菜科学花卉研究所．2001．中国蔬菜品种志．北京：中国农业

科技出版社

叶静渊. 2001. 我国水生蔬菜的栽培起源与分布. 长江蔬菜. (增刊): 4~12

胡仁勇, 丁炳扬, 黄涛等. 2001. 国产菱属植物数量分类学研究. 浙江大学学报 (农业与生命科学版). 27, (4): 419~423

孔庆东. 2004. 中国水生蔬菜品种资源. 北京: 中国农业出版社

保曙琳, 丁小余, 常俊等. 2004. 长江中下游地区菱属植物的 DNA 分子鉴别. 中草药. 35, (8): 926~930

Vassiljev V. 1949. *Trapa* in Flora URSS. Acad. Sci. URSS, Mosqua. 15: 638~662

Ram M. 1956. Floral morphology of *Trapa bispinosa* Roxb. with a discussion of the genus. Phytomorph. 6: 312~323

Vassiljev V. 1965. Species novae Africanicae generis *Trapa* L. . Nov. Sist. Vyss. Rast. 175~194

Tutim TG. 1968. Flora Europaea (M). Cambridge: Cambridge University Press, 2: 303, 452

Kak AM. 1988. Aquatic and Wetland vegetation of western Himalayas. J. Econ Tax Bot. 12 (2): 447~451

《农作物种质资源技术规范丛书》

分 册 目 录

1 总论

2 粮食作物

3　经济作物

4 蔬菜

5　果树

6　牧草绿肥